U0217100

跟着尚锦
学烘焙
全|视|频|版

尚锦文化·编
双福摄影·视频摄制
苗星贞 吴艳·美食制作

中国纺织出版社

图书在版编目（CIP）数据

跟着尚锦学烘焙：全视频版／尚锦文化编. -- 北京：中国纺织出版社，2017.6
ISBN 978-7-5180-3416-1

I. ①跟… II. ①尚… III. ①烘焙－糕点加工 IV. ①TS213.2

中国版本图书馆CIP数据核字（2017）第064985号

责任编辑：卢志林　　数字编辑：李　婷
责任印制：王艳丽　　装帧设计：水长流

中国纺织出版社出版发行
地址：北京市朝阳区百子湾东里A407号楼　邮政编码：100124
销售电话：010－67004422　传真：010－87155801
http: // www.c-textilep.com
E-mail: faxing@c-textilep.com
中国纺织出版社天猫旗舰店
官方微博http: // weibo.com/2119887771
北京市雅迪彩色印刷有限公司印刷　各地新华书店经销
2017年6月第1版第1次印刷
开本：787×1092　1/16　印张：10
字数：76千字　定价：39.80元

1 part

不可不知的烘焙基础知识

打发淡奶油

原料

淡奶油适量

做法

将淡奶油倒入搅拌盘中（图1），用打蛋器中速搅打至成半立体状，改高速搅打至成坚硬的柱状或软柱状即成（图2、图3）。

制作关键

搅打时，需边转动打蛋器边搅打，这样才能使淡奶油得到均匀打发。

扫一扫看视频

打发蛋清

原料

蛋清2个，白糖50克，蛋白粉适量

做法

将蛋清倒入搅拌盆中，加入蛋白粉（图1），用电动打蛋器中速搅打，边搅打边加入白糖（图2），打至呈半液体状时，为湿性发泡（图3），继续搅打至呈软柱状时为中性发泡（图4），继续搅打至呈较坚硬柱状时为硬性发泡（图5）。

制作关键

打发蛋清时一定要转动打蛋器，这样才能充分搅打。

扫一扫看视频

打发黄油

原料

黄油200克，糖粉100克，植物油适量

做法

将黄油切成小块，隔热水软化（图1），加入糖粉（图2），用电动打蛋器高速打发至乳白色（图3），加入植物油（图4），继续搅打至膨松如羽毛状即可（图5）。

扫一扫看视频

香草卡仕达酱

原料

蛋黄40克，白糖30克，低筋面粉20克，牛奶200毫升

辅料

香草精数滴

做法

1　将蛋黄、白糖混合搅拌至糖几乎融化，加入低筋面粉搅拌均匀，慢慢加入牛奶，边加边搅拌，再加入香草精搅拌均匀（图1～图3）。

2　倒入锅内，小火熬煮，边煮边搅拌，熬至酱汁浓稠，有明显的纹路且开始鼓泡，离火，继续搅拌至微温即可（图4、图5）。

扫一扫看视频

1
part

不可不知的烘焙基础知识

7

丹麦面包面团

原料

高筋面粉170克，低筋面粉30克，黄油90克（小块20克，大块70克），盐3克，干酵母5克，水88克

辅料

白糖50克，奶粉12克，鸡蛋1个

做法

1 将高筋面粉、低筋面粉、盐、小块黄油、奶粉、干酵母、白糖、鸡蛋、水倒入盆中，用刮刀拌匀（图1），把所有材料揉成面团（图2），继续揉至起筋，撑开面团时，可以勉强形成一层薄膜（图3），盖上保鲜膜，置室温发酵1小时至面团原体积2倍大（图4）。

2 大块黄油铺在保鲜袋里，用擀面杖擀成均匀的黄油片（图5）。

3 将面团擀成长方形面片，把黄油片铺在擀好的面片中间（图6），把面团的一端向中间翻折盖在黄油片上，另一端的面团也向中间翻折裹住黄油片（图7、图8），再旋转90º，用擀面杖将面皮再次擀成长方形（图9），从面片的一端1/3处向中间翻折（图10），另一端也向中间翻折（图11），进行第1次三折，再次擀成面片（图12），翻折后裹上保鲜膜（图13），放入冰箱冷藏松弛20分钟。

4 取出再次用擀面杖擀开，重复2次三折，冷藏松弛20分钟，擀开成0.4厘米厚的薄片（图14），即可根据需要制作各种丹麦面包。

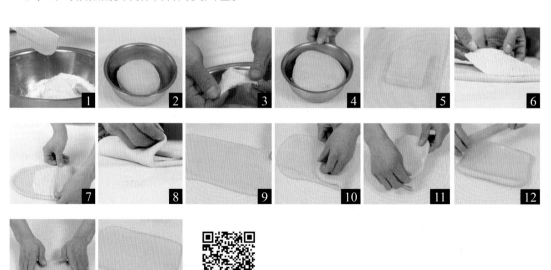

扫一扫看视频

千层酥皮

原料

中筋面粉225克，片状黄油150克，黄油20克

辅料

糖粉25克，鸡蛋1个，奶粉20克，盐1克，水150毫升

做法

1　中筋面粉、奶粉、盐、黄油、水、鸡蛋放入搅拌盆中，用打蛋器搅打均匀，和成面团，包上保鲜膜，放入冰箱冷藏5～10分钟（图1、图2）。

2　取出面团，擀成长方形薄片（图3），包入片状黄油（图4），擀成长方形，折三折，再次擀成长方形，继续折三折，如此重复3次（图5～图7），擀开，对折后擀成片，切掉边缘即可（图8）。

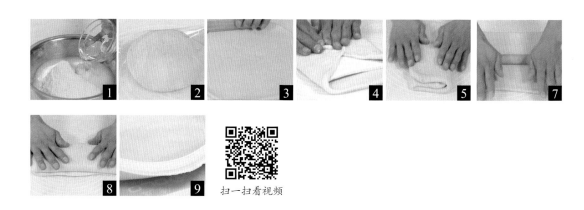

扫一扫看视频

手工面包面团

原料

高筋面粉450克，鸡蛋1个，酵母2克

辅料

奶粉、黄油各5克，白糖、盐各1克，温水适量

做法

1　酵母用温水溶解（图1）。

2　高筋面粉、白糖、奶粉、盐、鸡蛋、温水、酵母水混合，用刮刀拌匀（图2、图3），用力揉成团，继续揉至有弹性，不黏手并且能拉成半透明膜（图4、图5），加入室温软化的黄油（图6），揉至黄油跟面团充分融合，继续揉至面团光滑，能拉成薄膜（图7、图8），包上保鲜膜（图9），置于温暖处发酵至原体积的4～5倍大（图10），用手指在面团上戳个洞，若洞不回缩（图11），代表发酵完成。

扫一扫看视频

2
part

烘焙入门之饼干

草莓大理石饼干

扫一扫看视频

○ 原料

低筋面粉240克，草莓粉20克，黄油150克，糖粉110克

○ 辅料

蛋液25克

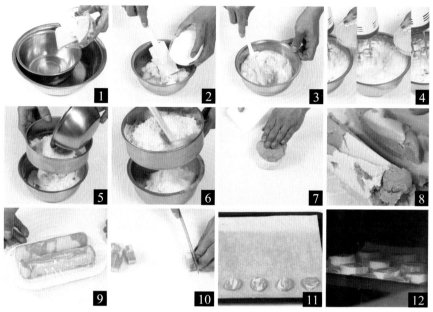

◎ 做法

1　黄油隔热水软化（图1），加入糖粉，用刮刀拌匀（图2、图3），用电动打蛋器打至顺滑，分3次加入蛋液搅打均匀（图4），分成2份。

2　其中1份黄油中筛入130克低筋面粉（图5），用刮刀拌匀。剩余的低筋面粉加入草莓粉，混合筛入另1份黄油中（图6），用刮刀翻拌均匀。

3　将2种面团分别搓成圆球，随意混合（图7、图8），分成2块，分别搓成圆柱状，包上保鲜膜（图9），放入冰箱冷冻1小时取出。

4　将饼干坯切成1厘米左右的厚度，放入烤盘（图10、图11）。

5　放入预热好的烤箱，以170℃烘烤20分钟（图12），取出晾凉即可。

淡奶油司康

扫一扫看视频

◎ 原料

普通面粉250克，淡奶油80克，黄油60克，白糖50克，盐1克，鸡蛋1个，无铝泡打粉2克

◎ 辅料

蛋黄液适量

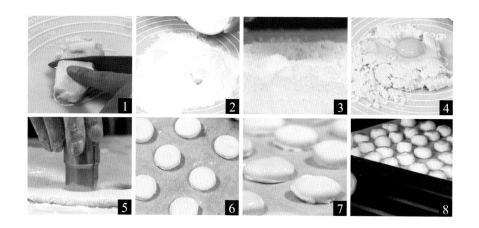

1   把稍软化的黄油切成块，加入面粉，用手搓成屑状（图1、图2）。

2   加入白糖、盐、泡打粉混合物，用手抓匀，加入淡奶油抓匀，再倒入鸡蛋
    液，用手混合均匀，揉成团（图3、图4）。

3   把面团擀成约2厘米厚的片，用模具切成形（图5），放入铺油纸的烤盘中
    （图6），表面依次刷上蛋黄液（图7）。

4   放入烤箱中层，以180℃烘烤约20分钟，取出即可（图8）。

2
part

烘焙入门之饼干

玛格丽特

扫一扫看视频

◎ 原料

黄油100克，低筋面粉100克，玉米淀粉100克，白糖60克

◎ 辅料

盐1克，熟蛋黄2个

◎ 做法

1　黄油室温软化，放入搅拌盆中打匀，再加白糖打匀，然后加入捏成碎末的熟蛋黄，加盐，搅拌均匀，打发至膨松状，混合过筛入低筋面粉、玉米淀粉，用刮刀拌匀，取出揉成面团（图1～图4）。

2　搓成长条状，切成小块，依次搓成圆球，放在烤盘中，用拇指轻轻按扁（图5～图7）。

3　放入预热好的烤箱（图8），以上火170℃、下火140℃烘烤50分钟，取出放凉即可。

2
part

烘焙入门之饼干

蔓越莓饼干

扫一扫看视频

◎ 原料

低筋面粉115克，黄油75克

◎ 辅料

蔓越莓干35克，白糖60克，鸡蛋1个

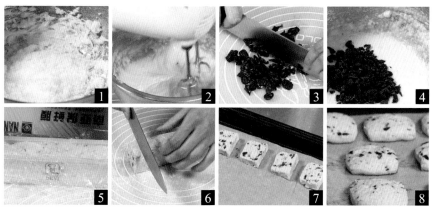

○ **做法**

1　黄油软化，用打蛋器打匀，加白糖打匀，加蛋液搅打至颜色发白（图1、图2）。

2　蔓越莓干切碎，倒入黄油蛋液中搅打均匀（图3、图4），再倒入低筋面粉拌匀，揉成面团，搓成长条状。模具中铺保鲜膜，放入面团，整形好，放入冰箱冷冻至硬（图5）。

3　取出面团，切成厚约1厘米的片，摆入烤盘（图6、图7）。

4　放入预热好的烤箱，以165℃烘烤约20分钟至表面金黄，取出即可（图8）。

2
part

烘焙入门之饼干

奶香巧克力饼干

扫一扫看视频

◎ 原料

黄油50克，糖粉50克，蛋清50克，黑巧克力100克，低筋面粉50克

◎ 辅料

淡奶油40克，奶粉20克

○ 做法

1　黄油隔热水软化，加入40克糖粉，用打蛋器搅至颜色发白，加30克淡奶油，搅至膨松状态，筛入低筋面粉、奶粉，用刮刀搅拌均匀（图1～图4）。

2　蛋清加10克糖粉（图5），打发至干性发泡。

3　取1/2蛋清糊放入黄油糊中（图6），翻拌均匀，再倒入剩余的蛋清糊，继续翻拌均匀，装入裱花袋，挤入烤盘中（图7、图8）。

4　放入预热好的烤箱中层，以上下火170℃烤9～10分钟成金黄色出炉（图9）。

5　黑巧克力切碎（图10），隔水融化，加10克淡奶油搅拌均匀，晾凉至浓稠成巧克力馅，装入裱花袋（图11、图12）。

6　取一片饼干，挤上巧克力馅，盖上另一片饼干，待巧克力晾凉后即可（图13、图14）。

葡萄奶酥

扫一扫看视频

◎ 原料

低筋面粉195克，葡萄干80克，蛋黄3个，黄油80克，细砂糖70克

◎ 辅料

奶粉12克

© 做法

1 黄油室温软化后放入搅拌盆中，用打蛋器打匀，分次加入细砂糖、奶粉，打
   发至体积膨松，颜色略浅，分次加入3个蛋黄，搅打均匀，筛入低筋面粉，
   混合均匀，倒入葡萄干，搅拌均匀，揉成面团（图1～图5）。

2 面团擀成厚约1厘米的面片，将面片修整成长方形（图6），再切成小正方
   形，排入烤盘，表面刷上蛋黄液（图7）。

3 放入预热好的烤箱，以上下火180℃烤15分钟左右至表面金黄色即可（图8）。

2
part

烘焙入门之饼干

棋格饼干

扫一扫看视频

◎ 原料

低筋面粉300克，鸡蛋50克，糖粉120克，黄油160克

◎ 辅料

香草精1.5克，可可粉20克

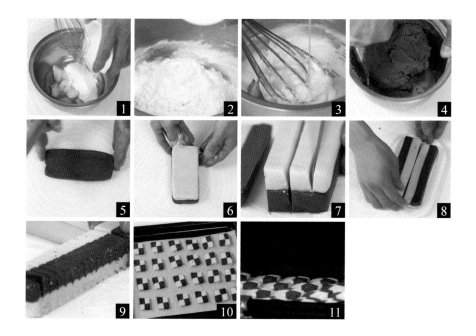

○ 做法

1 取80黄油隔热水软化，加入糖粉，用打蛋器搅匀（图1）。

2 鸡蛋打散，取一半，分两次加入黄油中，倒入150克低筋面粉、香草精，和成香草面团（图2、图3）。

3 取80克黄油加剩余糖粉，用打蛋器搅匀，分次加入剩余蛋液搅匀，筛入可可粉、低筋面粉，和成巧克力面团（图4）。

4 将巧克力面团、香草面团分别搓成圆柱形，再分别擀成厚约1厘米的长方形（图5）。在巧克力面片上刷蛋液，盖上香草面片（图6），放入冷冻两小时取出，切成1厘米宽的长条（图7），在一个长条的横切面上刷蛋液，交错放上另一个长条，成棋格状（图8），放入冰箱冷冻30分钟，取出，切成厚约0.5厘米的小饼干（图9），排入烤盘中（图10）。

5 放入预热好的烤箱，以190℃烤约10分钟至表面金黄，取出即可（图11）。

巧克力夹心饼干

扫一扫看视频

◦ 原料

黑巧克力80克，黄油100克，低筋面粉100克

◦ 辅料

可可粉12克，糖粉40克，蛋黄1个

○ 做法

1　低筋面粉、可可粉混合过筛，加入黄油块（图1），搓成粗粒状，加入糖粉
　　混合均匀，再加入蛋黄，揉成光滑的面团。

2　模具中铺一层保鲜膜，放入面团按均匀（图2），包好保鲜膜，压平，放入
　　冰箱冷冻半小时。

3　取出面团，切成0.3厘米厚的方片，放入烤盘中（图3、图4）。

4　放入预热好的烤箱，以180℃烤13分钟左右，晾凉（图5）。

5　黑巧克力隔水融化，装入裱花袋，挤在饼干上，盖上另一片饼干，静置凝固
　　即可（图6、图7）。

2
part

烘焙入门之饼干

巧克力意大利脆饼

扫一扫看视频

◎ 原料

低筋面粉100克，鸡蛋35克，黄油20克，细砂糖50克，可可粉15克

◎ 辅料

鲜牛奶20毫升，核桃仁20克，开心果仁20克，盐1克，泡打粉2.5克，小苏打0.6克

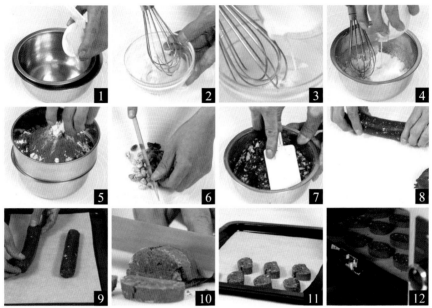

◎ 做法

1 黄油隔热水融化（图1），加盐、细砂糖，搅匀。鸡蛋打散，加牛奶搅匀，倒入黄油中搅匀，筛入低筋面粉、可可粉、小苏打、泡打粉，用刮刀翻拌均匀（图2～图5）。

2 将开心果、核桃仁混合切碎（图6），加入面糊中，翻拌均匀成饼干面团（图7）。

3 将面团切开，分别揉成长条状（图8），放入铺了油纸的烤盘中（图9）。

4 放入预热好的烤箱，以160℃烤25分钟，取出，冷却，切成1厘米厚的片（图10），切面朝上摆在烤盘中（图11）。

5 放入预热好的烤箱，以130℃烤25分钟至饼干变脆，取出即可（图12）。

曲奇饼干

扫一扫看视频

◎ 原料

低筋面粉130克，蛋黄2个，黄油120克，细砂糖50克

◎ 辅料

盐1克，香草精1克，黑芝麻适量

跟着尚锦学烘焙（全视频版）

30

○ **做法**

1　黄油稍软化后倒入搅拌盆中（图1），加细砂糖、盐，用打蛋器将黄油稍打发，加香草精打匀，分次加入蛋黄液搅打均匀，过筛入低筋面粉，拌至看不到干粉（图2、图3）。

2　将面糊装入裱花袋，挤入烤盘中成菊花形（图4），撒黑芝麻装饰（图5）。

3　放入预热好的烤箱，以上火170℃、下火140℃烘烤约20分钟即可（图6）。

 制作关键　面团不要过度搅拌，否则易起筋，使曲奇花纹消失。

2
part

烘焙入门之饼干

全麦花生酱饼干

扫一扫看视频

◎ 原料

无盐黄油100克，花生酱100克，黄糖100克，低筋面粉100克，全麦粉150克

◎ 辅料

鸡蛋1个，花生碎适量

◎ **做法**

1 黄油隔热水软化，搅拌至顺滑（图1）。

2 加花生酱，用电动打蛋器打至膨发，加黄糖搅打均匀，加鸡蛋，继续搅打至
均匀，筛入低筋面粉，加全麦粉、花生碎拌均匀，揉成面团（图2～图7），
分成大小均匀的块，揉成球（图8），放入铺有烤盘纸的烤盘中，用叉子摁
平（图9、图10）。

3 放入预热好的烤箱，以180℃烘烤20分钟，取出即可（图11）。

全麦咸味乐之饼干

扫一扫看视频

○ 原料

普通面粉360克，无盐黄油180克，全麦粉120克，橄榄油60克

○ 辅料

水160毫升，泡打粉30克，白糖30克，盐5克

◎ **做法**

1 将普通面粉、全麦粉、泡打粉、白糖、盐混合均匀（图1）。

2 将无盐黄油隔热水融化（图2），加入面粉中（图3），搅匀成沙粒状，加入
   橄榄油混合均匀，分次加入水，拌成面团，包上保鲜膜饧30分钟（图4、
   图5）。

3 将面团分批次擀开（图6），用饼干模压出饼干坯（图7），放入铺有烤盘纸
   的烤盘中，表面用叉子叉上孔（图8、图9）。

4 放入预热好的烤箱，以200℃烘烤10分钟至金黄色，出炉，移至晾网上，刷
   上融化的黄油，撒适量盐粒，晾凉即可（图10、图11）。

手指饼干

扫一扫看视频

◎ 原料

蛋清60克，蛋黄40克，低筋面粉60克

◎ 辅料

白糖60克

◎ 做法

1 搅拌盆中加入30克白糖、蛋清，用打蛋器打发至硬性发泡（图1）。

2 蛋黄加30克白糖，搅打至浓稠状（图2）。

3 取一半蛋黄液倒入蛋清糊中搅拌，再一起倒入剩余的蛋黄液中，切拌均匀（图3、图4），筛入低筋面粉，搅拌至无颗粒状（图5），装入裱花袋中（图6），挤入铺好油纸的烤盘中成均匀的条状（图7）。

4 将烤盘放入预热好的烤箱，以上火170℃、下火140℃烘烤20分钟左右表面成金黄色，取出放凉即可（图8）。

 制作关键　混合蛋黄液、蛋清糊时，需混合至提起打蛋器不滴落，若滴落则混合失败。

糖霜饼干

扫一扫看视频

◎ 原料

低筋面粉100克，黄油50克，鸡蛋20克，白糖30克，糖粉100克

◎ 辅料

蛋清14克，盐0.1克，红色色素、绿色色素、柠檬汁各适量

跟着尚锦学烘焙（全视频版）

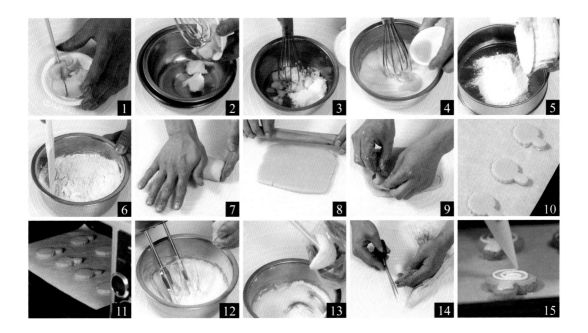

☆ 做法

1　黄油切块（图1），隔热水软化（图2），加入白糖、盐（图3），打发至膨松，再分次加入打散的鸡蛋液（图4），打至发白，筛入低筋面粉搅拌均匀，揉成饼干面团（图5、图6）。

2　将面团搓成圆柱形（图7），再擀成4毫米厚的长方形面片（图8），放入冰箱冷藏30分钟。

3　取出面片，用模具压出形状，放入烤盘（图9、图10）。

4　放入预热好的烤箱中层，以175℃烤约20分钟取出（图11）。

5　取一半糖粉倒入盆中，加蛋清打至顺滑，再加入剩余糖粉搅匀，挤入柠檬汁，调整稠薄度成糖霜（图12）。

6　将糖霜分装入小裱花袋（图13），加入不同色素，揉均匀，将裱花袋底端剪个小洞（图14），装饰饼干，晾干即可（图15）。

小熊饼干

扫一扫看视频

◎ 原料

低筋面粉125克，黄油55克，红糖50克，鸡蛋25克

◎ 辅料

可可粉7克，糖霜、面粉各适量

◎ 做法

1. 将黄油隔水软化（图1），用电动打蛋器低速打至膨发，筛入红糖（图2），低速打匀后转中速打发。

2. 鸡蛋打散，分次少量加入糖糊中（图3），搅打均匀，加入低筋面粉（图4），翻拌均匀成面团。

3. 面板上撒少量面粉，将面揉成团，再擀成厚约0.5厘米的片状（图5、图6），用小熊模具刻出饼干，摆入铺好烤盘纸的烤盘中（图7、图8）。

4. 将烤盘放入预热好的烤箱，以上火170℃、下火140℃烤15分钟至表面成金黄色取出（图9）。

5. 可可粉加水搅匀制成可可酱，装入裱花袋中（图10、图11）。用糖霜画出小熊的鼻子，再用可可酱画出小熊的眼睛即可（图12）。

 制作关键 可可酱也可用融化的黑色巧克力酱代替。

椰子酥饼

扫一扫看视频

◎ 原料

糖粉160克，黄油190克，白椰蓉160克，低筋面粉190克

◎ 辅料

鸡蛋40克，泡打粉3克，苏打粉3克，花生碎适量

○ 做法

1 黄油放入搅拌盆中软化，分次加入糖粉，用打蛋器搅打至乳白色（图1、图2）。

2 鸡蛋打散，加入黄油中搅拌均匀（图3），再加入白椰蓉拌匀（图4），依次加入低筋面粉、泡打粉、苏打粉拌匀（图5、图6），取出放在案板上，揉成椰蓉面团（图7）。

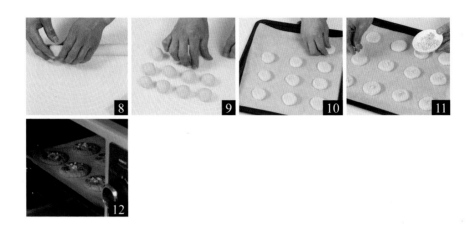

3 将椰蓉面团搓成圆柱形，分成每个10克的小面团，搓圆（图8、图9），用手掌略微压扁，摆入铺好烤盘纸的烤盘中（图10），表面刷上鸡蛋液，撒花生碎装饰（图11）。

4 将烤盘放入预热好的烤箱，以上火170℃、下火130℃烤20分钟左右，至表面成金黄色，取出晾凉即可（图12）。

 制作关键　揉椰蓉面团时，用折叠法可以更轻松。

3
part

简单易上手之蛋糕

棒棒糖蛋糕

扫一扫看视频

○ 原料

低筋面粉90克，杏仁粉30克，黄金芝士粉15克，泡打粉2克，杏仁片40克

○ 辅料

黄油100克，鸡蛋1个，白糖25克，蜂蜜25克，淡奶油10克，巧克力100克，装饰糖珠适量

© 做法

1 将低筋面粉、杏仁粉、泡打粉、黄金芝士粉混合过筛（图1）。

2 放入杏仁片拌匀（图2）。

3 鸡蛋打入碗中，搅匀（图3）。

4 黄油加白糖，用电动打蛋器打匀，再加入蜂蜜搅匀，分3次加入鸡蛋液，搅匀成细腻的糊（图4～图6）。

5 加入面粉，用刮刀拌匀，放入蛋糕模具中，刮平（图7）。

6 烤箱以180℃预热，放入烤箱中层烤20分钟，取出放凉，搓成碎末，加入淡奶油拌匀（图8、图9），用手团握成球状，插入棒棒糖棍儿（图10）。

7 巧克力加淡奶油隔水加热至融化，将棒棒糖蛋糕蘸匀巧克力液（图11），撒上彩珠糖装饰（图12），晾凉即可。

 制作关键　一定要分次加入鸡蛋液，才能使质地更加均匀细腻。

奥利奥麦芬

扫一扫看视频

◎ 原料

黄油120克，低筋面粉120克，奥利奥饼干4片，白糖100克，鸡蛋2个

◎ 辅料

泡打粉5克，朗姆酒5毫升

◎ 做法

1 将奥利奥饼干依次掰开，去掉夹心（图1）。

2 黄油放入搅拌盆中（图2），用电动打蛋器中速搅打2分钟（图3），加入全部白糖，用电动打蛋器打至黄油发白（图4）。

3 分2次加入鸡蛋，每次加入1个，每加入1个都要用电动打蛋器充分搅打均匀（图5、图6）。

4 筛入低筋面粉、泡打粉，用刮板翻拌均匀（图7、图8）。

5 取出一半奥利奥饼干片捏碎，加入面糊中（图9），再倒入朗姆酒（图10），翻拌均匀。

6 将麦芬糊装入裱花袋，挤入纸杯中至八分满（图11）。每个麦芬轻震几下，让面糊表面平滑。

7 顶部插入剩余奥利奥片（图12）。

8 放入预热好的烤箱（图13），以180℃烘烤25分钟，取出即可（图14）。

 制作关键 麦芬糊装入纸杯中后，轻震几下，可以震出面糊中的气泡。

彩虹蛋糕卷

扫一扫看视频

◎ 原料

蛋清250克，白砂糖125克，清水60克，色拉油37克，低筋面粉65克，玉米淀粉65克，蛋黄125克

◎ 辅料

奶香粉2克，塔塔粉4克，盐0.5克，草莓色香精适量

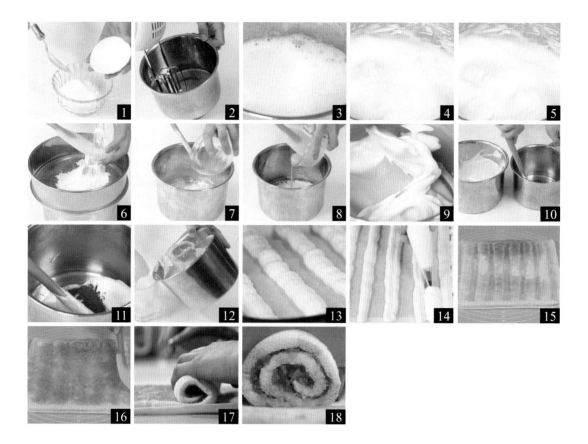

○ **做法**

1　细砂糖中加入塔塔粉、盐，混合均匀（图1）。

2　将蛋清放入搅拌盆中，用电动打蛋器中速搅打至呈白泡状（图2、图3），分3次加入做法1拌好的混合粉，打至中性发泡（图4、图5）。

3　将低筋面粉、玉米淀粉、奶香粉混合过筛（图6）。

4　清水中加入色拉油，倒入混合粉中拌匀（图7），加入蛋黄（图8），用刮刀翻拌均匀，用打蛋器打匀成面糊，先加入1/3打好的蛋清糊，轻轻拌匀，再加入剩余的蛋清糊，搅拌成蛋糕糊（图9）。

5　将蛋糕糊平均分成两份（图10），其中1份加入草莓色香精拌匀（图11），装入裱花袋中（图12），间隔挤在铺烤箱纸的烤盘中，成平行的线条状（图13），再将另一份面糊用裱花袋装好，挤在粉红色面糊中间（图14），剩余面糊挤满烤盘。

6　将烤盘放入预热好的烤箱中，以上火180℃、下火150℃烘烤25分钟左右，至表面呈橙黄色，出炉放凉（图15）。

7　在蛋糕表面抹上果酱，卷好，静置10分钟，用切刀切成小块即可（图16～图18）。

海绵蛋糕

扫一扫看视频

○ 原料

低筋面粉100克，细砂糖75克，鸡蛋3个，黄油25克

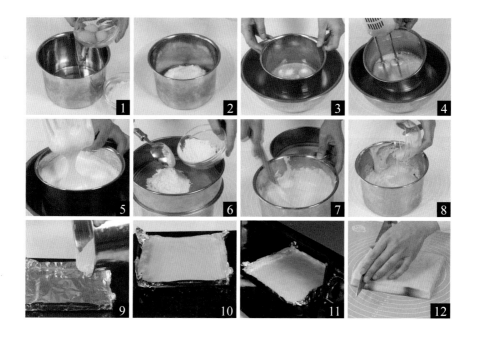

○ 做法

1　将鸡蛋液倒入搅拌盘中，加入细砂糖（图1、图2）。

2　将搅拌盆放入热水中（图3），用电动打蛋器高速打发约15分钟至提起打蛋器，滴落下来的蛋糊不会马上消失，可以在蛋糊表面划出清晰的纹路（图4、图5）。

3　低筋面粉分4次过筛入蛋糊中（图6），用刮刀从底部往上翻拌，使蛋糊与面粉混合均匀（图7）。

4　面糊中倒入融化的黄油，翻拌均匀（图8）。

5　烤盘里放上折好的锡纸，倒入拌好的蛋糕糊（图9、图10）。

6　放入预热好的烤箱（图11），以180℃烤15～20分钟，取出切块即可（图12）。

制作
关键

混合蛋糕与面粉时，不要打圈搅拌，以免鸡蛋消泡。

如果蛋糕糊表面不平整，可以端起烤盘，用力震几下。

黑森林

扫一扫看视频

○ 原料

巧克力戚风蛋糕1个，淡奶油600克，白糖90克

○ 辅料

吉列丁片15克，巧克力块50克，当季水果各适量

○ 做法

1　50克白糖、200克淡奶油、40克巧克力倒入搅拌盆中，加热至巧克力融化（图1、图2）。

2　吉列丁片放入水中浸泡10分钟至软化（图3），加入巧克力液中搅拌均匀。

3　200克淡奶油加30克白糖用打蛋器轻微打发，倒入巧克力液中搅拌均匀，过筛即成浓巧克力液（图4、图5）。

4　将巧克力戚风蛋糕用刀分割成3层（图6），200克淡奶油加20克白糖，用打蛋器打发，分别涂在3层蛋糕片中间（图7）。

5　将蛋糕整体放入模具中（图8），分次倒入巧克力液（图9），将蛋糕包围，放入冰箱冷藏3小时以上，取出，脱模。

6　将巧克力块刮成屑，撒到蛋糕顶部，摆上水果装饰即可（图10、图11）。

黑樱桃海绵蛋糕卷

扫一扫看视频

○ 原料

罐头黑樱桃150克，罐头黑樱桃糖水120克，细砂糖90克，低筋面粉90克，淡奶油150克

○ 辅料

鱼胶粉2.5克，朗姆酒25毫升，鸡蛋3个，玉米淀粉15克，清水15毫升，糖粉适量

制作关键　盛蛋清的盆必须干净，无油无水。
不要用画圈的方式搅拌蛋黄、蛋清的混合物。

⊙ 做法

1 玉米淀粉加清水调匀成水淀粉（图1）。

2 将黑樱桃和糖水放入锅中（图2），大火煮至沸腾，不断用铲子将黑樱桃压碎，加入水淀粉，不断搅拌至黑樱桃酱黏稠，离火晾凉备用。

3 鸡蛋的蛋黄、蛋清分开（图3），将45克细砂糖分3次加入蛋清中，用打蛋器打发至干性发泡（图4）。将30克细砂糖加入蛋黄中，用打蛋器打发至浓稠，体积膨大且颜色变浅。将一小半打发的蛋清盛入蛋黄中（图5），用刮刀以从底部向上翻拌的方式，将蛋黄与蛋清翻拌均匀，再倒入剩余的蛋清，继续翻拌均匀。

4 倒入过筛的低筋面粉（图6），用刮刀翻拌均匀，装入带裱花嘴的裱花袋中（图7），在铺了油纸的烤盘上挤出条纹（图

8），轻震几下，使其成为规整的长方形，筛一层糖粉（图9）。

5 待糖粉被吸收后，放入预热好的烤箱中层（图10），以180℃烤12分钟左右，表面成金黄色后出炉。

6 鱼胶粉加10毫升朗姆酒，隔水加热至融化（图11）。淡奶油加15克细砂糖打发至刚出现纹路的状态，再边搅打边加入鱼胶液，搅打均匀成淡奶油霜（图12）。

7 将45毫升黑樱桃糖水加15毫升朗姆酒混合均匀成为朗姆酒调味糖浆（图13）。将糖浆刷在面包片没有波纹的一面（图14），再均匀涂上黑樱桃酱、奶油霜（图15、图16），将蛋糕卷起来，用油纸包好（图17），放入冰箱冷藏3小时，取出切小块即可。

红丝绒蛋糕

扫一扫看视频

○ 原料

原味酸奶100克，低筋面粉95克，奶油奶酪100克，糖粉100克，淡奶油100克，细砂糖115克，黄油95克

○ 辅料

可可粉10克，鸡蛋1个，红曲粉5克，盐1克，白醋5毫升，小苏打2克，柠檬汁10毫升

做法

1. 6寸蛋糕模具里涂匀黄油，撒上面粉（图1）。

2. 将45克黄油、100克细砂糖混合，搅打至颜色变浅，倒入鸡蛋液搅打均匀，过筛入可可粉、盐、低筋面粉，搅匀，加入原味酸奶搅匀，再筛入红曲粉搅拌均匀（图2～图7）。

3. 小苏打加白醋混匀（图8），加入蛋糕糊中慢慢搅匀。

4. 将蛋糕糊倒入模具中，轻震几下，抹匀表面（图9～图10）。

5. 放入预热好的烤箱中层，以上下火170℃烘烤40～45分钟，取出脱模，切去顶层，再切成3片（图11～图14）。

6. 将奶油奶酪、50克黄油倒入搅拌盆中，搅打至没有颗粒，加入糖粉、柠檬汁，慢慢搅打均匀成糖霜（图15）。

7. 取一片面包片，抹上糖霜，盖上另一片面包片，再抹一层糖霜，直至涂完3层（图16～图19）。

8. 淡奶油加细砂糖打发，用抹刀涂抹在蛋糕上（图20），剩余的装入裱花袋，在蛋糕表面挤出花（图21），再将剩余蛋糕搓成屑，撒在蛋糕顶部和四周装饰（图22），用带色奶油装饰即可（图23）。

虎皮蛋糕卷

扫一扫看视频

○ 原料

蛋黄350克，白砂糖150克，海绵蛋糕3条，鲜奶油200克

○ 辅料

盐3克，玉米淀粉50克，吉士粉10克，色拉油20克

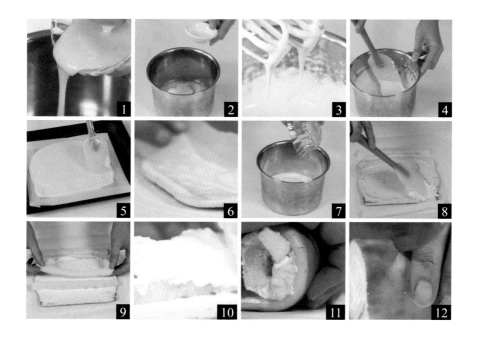

◎ **做法**

1　蛋黄放入搅拌盆中，加入75克白砂糖、盐（图1、图2），用打蛋器高速打至糖化，再加入玉米淀粉、吉士粉，搅打至无粉粒状（图3），加入色拉油，用刮刀拌匀，制成蛋糕面糊（图4）。

2　将面糊倒入铺好油纸的烤盘中，用刮刀轻轻抹平（图5）。

3　将烤盘放入预热好的烤箱，以上火230℃、下火150℃烘烤10分钟，取出，翻面向上放在新的油纸上，撕去底层的油纸（图6）。

4　淡奶油加75克白砂糖高速打发（图7），用刮刀均匀抹在蛋糕片上，放入海绵蛋糕条，继续抹上奶油（图8～图10），慢慢卷起，用油纸卷好（图11），静置10分钟，取出油纸，切小块即可（图12）。

3
part

简单易上手之蛋糕

栗子布朗尼

扫一扫看视频

◎ 原料

低筋面粉70克，熟栗子仁60克，黄油100克，70%以上纯可可黑巧克力80克

◎ 辅料

鸡蛋2个，白糖60克，葡萄干60克，朗姆酒适量

○ **做法**

1　黄油用打蛋器搅打，加入白糖，搅打均匀（图1）。

2　黑巧克力隔热水融化（图2），晾温，放入黄油糖液中搅匀，分两次加入鸡蛋液搅匀，再分次过筛入低筋面粉，拌匀（图3～图5）。

3　葡萄干加朗姆酒略泡，切碎（图6、图7）。栗子仁切小块（图8）。

4　面糊中加葡萄干、栗子碎（图9），搅拌均匀，装入裱花袋，挤入模具中（图10、图11）。

5　放入预热好的烤箱，以180℃烤20分钟，取出，脱模，切小块即可（图12）。

蔓越莓麦芬

扫一扫看视频

○ 原料

低筋面粉100克，植物油30毫升，牛奶80毫升，蔓越莓干40克

○ 辅料

白糖30克，泡打粉6克，蛋液20克，盐1克

○ 做法

1　牛奶倒入盆中，加入植物油、鸡蛋液搅拌均匀（图1～图3），再加入低筋面粉、泡打粉、盐、白糖、蔓越莓干混合均匀，装入裱花袋，挤入纸杯中至八分满（图4、图5）。

2　放入预热好的烤箱中，以200℃烤15分钟即可（图6）。

3
part

简单易上手之蛋糕

抹茶戚风蛋糕

扫一扫看视频

◎ 原料

白砂糖120克，塔塔粉5克，盐1克，蛋清300克，低筋面粉125克，玉米淀粉50克，抹茶粉15克，蛋黄150克

◎ 辅料

清水75毫升，色拉油75克，绵白糖70克，鲜奶油适量

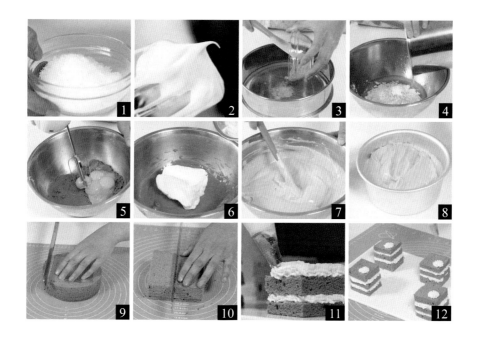

◎ **做法**

1　白砂糖中加塔塔粉、盐（图1）。

2　将蛋清放入搅拌盆，分3次加入白砂糖混合粉，用电动打蛋器打至中性发泡（图2）。

3　将抹茶粉、玉米淀粉混合过筛，再筛入低筋面粉（图3）。

4　水中加色拉油、60克绵白糖搅拌至糖化，加入抹茶混合粉拌匀，再加入蛋黄打匀，加入1/3打发好的蛋清糊，拌匀，加入剩余的蛋清糊搅拌成蛋糕糊，倒入模具中至七分满，轻震几下（图4～图8）。

5　放入预热好的烤箱，以上火190℃、下火140℃烘烤25分钟，出炉，脱模，晾凉，切成小块（图9、图10）。

6　淡奶油加10克绵白糖，高速打发，装入裱花袋，均匀挤在蛋糕片上，一层层叠好，顶部略做装饰即可（图11、图12）。

巧克力天使蛋糕

扫一扫看视频

○ 原料

低筋面粉32克，玉米淀粉12克，蛋清4个，细砂糖75克，黑巧克力45克

○ 辅料

柠檬汁1.25毫升，盐0.6克

◎ **做法**

1　黑巧克力切成屑（图1）。

2　蛋清加柠檬汁、盐（图2），分3次加入细砂糖，打至湿性发泡（图3），筛入低筋面粉、玉米淀粉（图4），用橡皮刮刀翻拌均匀，再加入巧克力屑（图5），快速翻拌均匀（图6）。

3　将面糊倒入蛋糕模具中，抹平表面，轻震几下（图7）。

4　放入预热好的烤箱，以上下火185℃烤35分钟至表面金黄，取出脱模即可（图8）。

熔岩巧克力蛋糕

扫一扫看视频

○ 原料

黑巧克力70克，黄油55克

○ 辅料

低筋面粉30克，鸡蛋2个，细砂糖20克，朗姆酒15毫升

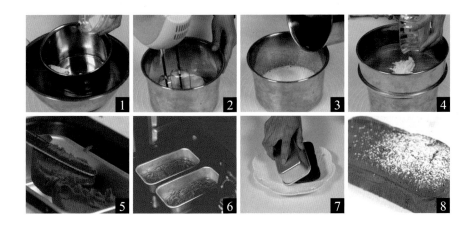

○ 做法

1 黄油切块，和黑巧克力一起放入搅拌盆中，隔水加热至融化，冷却至35℃左右（图1）。

2 鸡蛋液加细砂糖，用打蛋器搅打至均匀顺滑，加黑巧克力液、朗姆酒，搅拌均匀，分次筛入低筋面粉，用橡皮刮刀翻拌均匀，放入冰箱冷藏30分钟（图2～图4）。

3 取出面糊，舀入模具中至七分满，轻轻震平（图5）。

4 放入预热好的烤箱（图6），以220℃烘烤13分钟左右，取出脱模，筛上糖粉装饰即可（图7、图8）。

双色玛德琳

扫一扫看视频

◎ 原料

黄油32克，鸡蛋42克，细砂糖48克，低筋面粉70克，泡打粉2克

◎ 辅料

牛奶14克，可可粉5克，橙皮适量

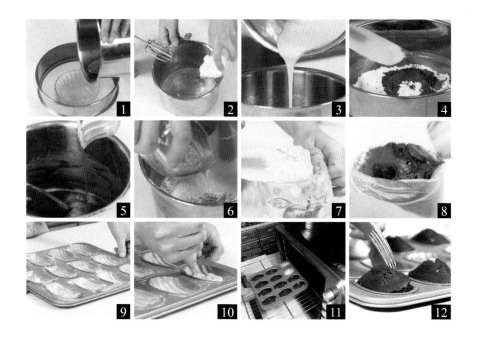

○ 做法

1　将黄油加热至融化，煮至焦色，过滤后晾凉（图1），分两份备用。

2　鸡蛋打散，加入细砂糖，用打蛋器打至糖化、颜色变浅，分成两份备用（图2、图3）。

3　将33克低筋面粉、可可粉、1克泡打粉过筛，加一份鸡蛋糖液拌匀，再分别加7克牛奶、一份黄油拌匀，盖保鲜膜，入冰箱冷藏1小时以上（图4、图5）。

4　另一份鸡蛋糖液加过筛后的33克低筋面粉、1克泡打粉拌匀，再加入磨好的橙皮细屑、7克牛奶、一份黄油搅拌均匀，盖保鲜膜，入冰箱冷藏1小时以上（图6）。

5　将两种面糊取出，回温后分状入裱花袋（图7、图8）。

6　模具中撒上面粉，用刷子刷匀，磕去多余的面粉（图9），将两种面糊交叉挤入模具中至七分满（图10）。

7　放入预热好的烤箱，以200℃烘烤约10分钟至边缘略呈金黄色，出炉冷却后脱模即可（图11、图12）。

水果海绵蛋糕

扫一扫看视频

◎ 原料

蛋黄36克，蛋清66克，白糖50克，牛奶40毫升，低筋面粉60克，泡打粉3.5克，淡奶油200克，色拉油40克

◎ 辅料

千层酥皮末200克，鲜车厘子、鲜杏肉、薄荷叶、糖粉各适量

◎ 做法

1 蛋黄倒入盆中，加入15克白糖，用电动打蛋器搅打均匀，再分次加入色拉油，搅打均匀，加入牛奶搅拌均匀，筛入低筋面粉、泡打粉，搅拌均匀（图1~图4）。

2 剩余蛋清分次加入20克白糖，用打蛋器打至硬性发泡，分次倒入蛋黄糊中搅打均匀（图5），倒入模具中轻震几下（图6、图7）。

3 放入预热好的烤箱中（图8），以170℃烘烤45分钟，取出脱模，用刀分割成三层（图9、图10）。

4 淡奶油加15克白糖打发（图11），均匀涂在蛋糕层中间和表面（图12），四周粘上千层酥皮末（图13），用鲜车厘子、鲜杏肉装饰，筛上糖粉，用薄荷叶装饰即可（图14~图16）。

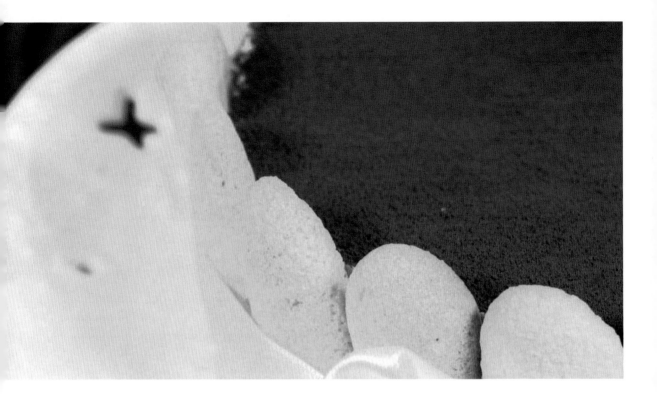

提拉米苏

扫一扫看视频

○ 原料

鲜奶油200克，手指饼干120克，马斯卡彭奶酪200克，细砂糖60克

○ 辅料

吉列丁片2片，蛋黄2个，朗姆酒、柠檬汁、咖啡酒各5毫升，原味咖啡粉3克，速溶咖啡粉、可可粉各适量

跟着尚锦学烘焙（全视频版）

1   将马斯卡彭奶酪倒入搅拌盆中（图1），搅打至松软，再加入朗姆酒、柠檬汁拌匀成奶酪糊（图2）。

2   吉列丁片放入凉水中泡软（图3）。

3   蛋黄加30克细砂糖混合，隔热水搅打至砂糖融化，加入泡软的吉列丁片（图4），搅拌至融化，稍凉后待用。

4   将淡奶油、30克细砂糖打发至湿性发泡，依次加入奶酪糊、蛋黄糊，搅拌均匀成提拉米苏糊（图5）。

5   原味咖啡粉加少许热水、速溶咖啡粉混合均匀（图6），晾凉后加入咖啡酒中成咖啡液待用。

6   将手指饼干掰成适合大小，蘸少许咖啡液后放入模具底部直至铺满（图7），倒入一半提拉米苏糊（图8），再放一层浸湿咖啡液的手指饼干（图9），继续倒入剩余的提拉米苏糊，将模具轻震几下（图10），放入冰箱冷藏4小时候取出，脱模，筛上可可粉，四周粘上手指饼干装饰，再用丝带系好即可（图11～图13）。

纸杯蛋糕

扫一扫看视频

◎ 原料

鸡蛋2个，细砂糖60克，低筋面粉60克，淡奶油25克，黄油15克，瓜子仁适量

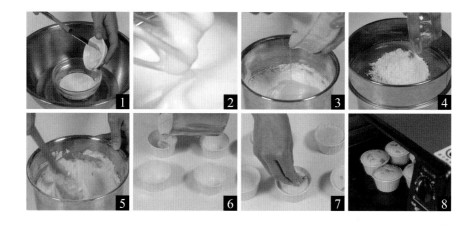

◎ 做法

1　牛奶隔热水，加入黄油搅拌至溶化（图1）。

2　蛋清、蛋黄分离。将蛋清倒入无水、无油的容器中，分3次加入细砂糖，打至硬性发泡（图2）。蛋黄搅匀，加入蛋清糊中（图3），加入过筛后的低筋面粉（图4），用橡皮刮刀以切拌的手法翻拌均匀，加入冷却的牛奶黄油液，切拌均匀（图5）。

3　将蛋糕糊分装到纸杯中至七分满，轻震纸杯，撒上瓜子仁（图6、图7）。

4　放入预热好的烤箱，以160℃烘烤20分钟，取出即可（图8）。

 制作关键　黄油也可以换成玉米油，牛奶也可以换成淡奶油，但蛋糕奶香味会淡一些。

3 part

简单易上手之蛋糕

重芝士蛋糕

扫一扫看视频

◎ **原料**

奶油奶酪250克，消化饼干100克，细砂糖80克，黄油50克

◎ **辅料**

鸡蛋2个，玉米淀粉15克，牛奶80毫升，朗姆酒15毫升，柠檬汁10毫升

◎ 做法

1 将消化饼干搓碎（图1）。

2 黄油隔水融化，倒入搓碎的消化饼干，搅拌均匀（图2、图3）。

3 6寸蛋糕模具外壁用锡纸包好（图4），倒入消化饼干（图5），压平，放入
   冰箱中冷藏。

4 奶油奶酪隔热水软化，用打蛋器略打，加入细砂糖（图6），打至顺滑无颗
   粒状，一个一个地加入鸡蛋（图7），每加入一个都需用打蛋器搅打均匀，
   依次加入柠檬汁、玉米淀粉搅打均匀（图8）。

5 牛奶中加入朗姆酒搅拌均匀（图9），倒入奶酪糊中，搅打均匀，轻震几下
   震碎大泡（图10）。

6 将奶酪糊倒入蛋糕模具中（图11），放入加水的烤盘里（图12），放入预热
   好的烤箱中下层，以160℃烘烤1小时，冷藏后取出脱模，切小块即可（图
   13、图14）。

草莓酸奶慕斯

扫一扫看视频

◎ 原料

消化饼干200克，吉列丁片2片，淡奶油135克，白糖60克，酸奶160克

◎ 辅料

黄油40克，草莓30克，柠檬汁、草莓粉各适量

◎ 做法

1 将消化饼干依次用擀面杖擀碎（图1）。

2 将黄油切块，隔热水融化（图2、图3），加入饼干屑（图4），搅拌均匀。

3 模具中分次倒入饼干碎，压平（图5），放入冰箱中冷冻30分钟。

4 取一片吉列丁片放入凉水中软化（图6），另一片软化后隔热水制成吉列丁液。

5 淡奶油放入容器中，加入30克白糖（图7），用电动打蛋器打发，加柠檬汁搅打均匀，再加入100克酸奶搅匀，倒入一半融化的吉列丁液拌匀，制成酸奶慕斯液（图8~图10）。

6 草莓去蒂，对半切开（图11），依次摆入饼干碎模具中（图12），再倒入慕斯液（图13），轻震几下（图14），放入冰箱中冷藏4个小时以上。

7 60克酸奶中加入软化的吉列丁片，隔水软化（图15），取少量吉列丁酸奶液加入草莓粉混合均匀（图16），装入裱花袋（图17），挤入HelloKitty模具中的猫耳朵中（图18），放入冰箱冷藏30分钟。剩余酸奶液装入另一个裱花袋（图19），挤入模具中，成为HelloKitty的猫脸（图20），放入冰箱冷藏30分钟，取出脱模（图21）。

8 热水中加入剩余白糖，搅拌至溶化，再倒入剩余吉列丁液，搅拌均匀，稍晾凉（图22）。模具中先倒入部分糖水（图23），放上小猫装饰（图24），再倒入剩余糖水（图25），放入冰箱冷藏30分钟后脱模即可（图26）。

制作关键　慕斯液倒入模具中后，轻震几下，能有效震出慕斯液中的气泡。

4
part
魔力满满之面包

菠萝包

扫一扫看视频

○ 原料

高筋面粉150克，低筋面粉50克，细砂糖30克，水70毫升，奶粉17.5克

○ 辅料

酵母3克，糖粉25克，黄油45克，鸡蛋液15克，盐4克

制作关键 和菠萝皮面团时，每一次都要充分将鸡蛋液与黄油混合后再加下一次。

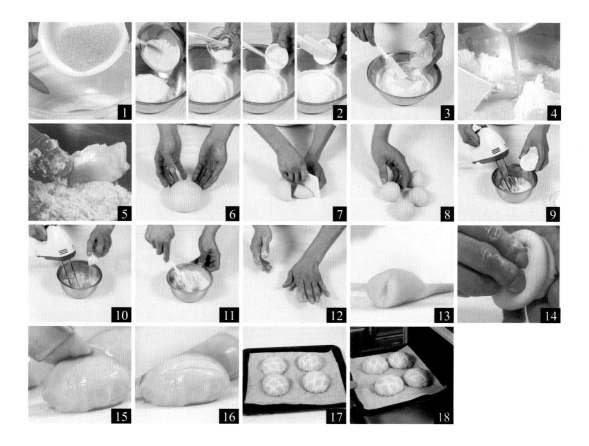

○ 做法

1 将酵母溶于35毫升水中（图1）。

2 将高筋面粉、细砂糖、15克奶粉、1克盐倒入搅拌盆中混合均匀（图2），加入剩余的水、酵母水、鸡蛋液（图3、图4），拌匀，揉成团，加入15克黄油揉匀（图5），置于28℃处静置发酵1小时至面团原体积2.5倍大（图6），略揉排气。

3 用刮刀分割成4份，滚圆，即成菠萝包面团（图7、图8）。

4 取30克黄油软化，用电动打蛋器打发，倒入糖粉、3克盐、2.5克奶粉，搅拌均匀（图9）。

5 分3次加入鸡蛋液，搅拌至黄油与鸡蛋液完全融合（图10）。

6 倒入低筋面粉，拌至光滑不黏手（图11），取出揉成条状，切成4份，即成菠萝皮面团（图12、图13）。

7 把菠萝包面团压入菠萝皮面团中，慢慢地收捏面团（图14），在菠萝皮表面轻轻刷上蛋液（图15），用小刀轻轻在菠萝皮上划出格子花纹（图16），发酵到2.5倍左右大（图17）。

8 放入预热好的烤箱，以180℃烤15分钟，取出即可（图18）。

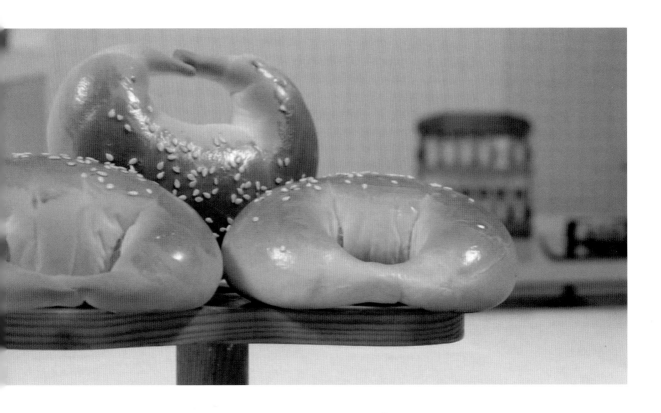

黄金牛角包

扫一扫看视频

◎ 原料

高筋面粉120克，黄油60克，鸡蛋40克，炼乳34克，白砂糖23克，奶粉15克，酵母2克，蛋牛奶酱2克，奶酪粉1克

◎ 辅料

白芝麻、鸡蛋液各适量

⊙ **做法**

1　将高筋面粉、白砂糖、炼乳、蛋牛奶酱、奶酪粉、酵母、奶粉、鸡蛋、黄油放入搅拌盆中搅匀，揉成面团，盖上保鲜膜，饧发20分钟左右（图1、图2）。

2　将面团分割成每个60克的小面团，搓圆（图3），静置饧发，再次搓成胡萝卜状（图4），依次擀薄，卷起（图5），再搓成两端细、中间粗的长条状，将中间略弯，两端捏到一起，放入烤盘中，表面刷上鸡蛋液，撒上白芝麻（图6、图7），饧发40分钟左右。

3　放入预热好的烤箱，以上火180℃、下火160℃烘烤25分钟，取出放凉即可（图8）。

健康全麦包

扫一扫看视频

◎ 原料

高筋面粉400克，全麦粉20克，奶粉40克，白糖30克，酵母5克，鸡蛋1
个，水400毫升，盐10克，黄油10克

◎ 辅料

核桃碎50克，麦片12克，提子干70克，鸡蛋液适量

◎ 做法

1　将高筋面粉、全麦粉、奶粉、白糖、酵母、鸡蛋、水、盐、黄油放入搅拌盆中混合均匀，揉成略有光泽的面团，加入核桃碎、麦片、提子干，揉匀，制成全麦面包面团，盖上保鲜膜，静置发酵30分钟左右（图1~图6）。

2　将面团分割成每个约200克的小块，分别滚圆，饧发。将面团擀开，排气（图7），用手卷起成两头尖的圆柱形（图8），表面刷上鸡蛋液，粘匀麦片，摆入烤盘中，饧发60分钟左右，在面团表面用刀斜割几刀，继续饧发20分钟，待其是原体积的3倍大（图9~图13）。

3　放入预热好的烤箱（图14），以上火190℃、下火180℃烘烤20分钟至表面成棕红色，出炉即可。

4
part

魔力满满之面包

91

毛毛虫面包

扫一扫看视频

◎ 原料

高筋面粉120克，低筋面粉30克，豆沙馅100克，水80毫升

◎ 辅料

白砂糖25克，黄油15克，鸡蛋液25克，奶粉6克，干酵母5克，盐2.5克

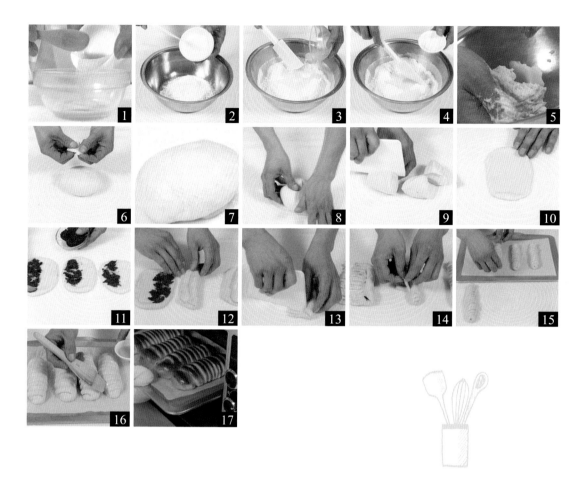

○ 做法

1   干酵母加40毫升水溶解（图1）。

2   将高筋面粉、低筋面粉、奶粉、白砂糖、盐放入盆中拌匀，再加入剩余的水、酵母水、15克鸡蛋液，用刮刀拌匀，揉成面团，加入黄油揉至能拉出薄膜的扩展阶段，置于28℃左右室温发酵至原体积的2.5倍（图2～图7）。

3   面团略揉排气（图8），分割成4份（图9），滚圆，静置发酵15分钟。将面团分别擀成长方形面片（图10），顺长边抹上豆沙馅，另一边留2～3厘米处不抹（图11），顺长从抹馅的一面卷起至不抹馅的位置，用刮刀将未卷起的面片切成小条，将小条卷在长面团上，成为毛毛虫形状（图12～图14），放入烤盘，发酵至原体积的2倍大，刷上全蛋液（图15、图16）。

4   放入预热好的烤箱，以180℃烤12～15分钟至表面金黄，取出即可（图17）。

奶酪包

扫一扫看视频

◎ 原料

奶油奶酪150克，鸡蛋液50克，白糖50克，酵母4克，高筋面粉350克，盐2克

◎ 辅料

黄油25克，牛奶90毫升，水120毫升

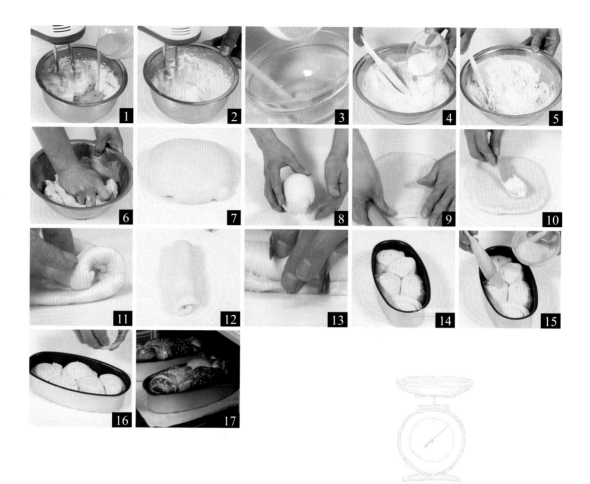

◇ **做法**

1　奶油奶酪用电动打蛋器打至顺滑，分次加入蛋液搅匀，再加入40克白糖搅打均匀成奶酪馅（图1、图2）。

2　将酵母溶解在20克水中（图3）。

3　高筋面粉、剩余的糖、盐混合均匀，加入牛奶、剩余的水、酵母水，揉成面团，加黄油揉至扩展阶段，置于温暖处发酵至原体积的2倍大（图4～图7）。

4　用刮刀将面团分成两份，分别滚圆，收口向下，松弛15分钟（图8）。

5　取一个面团擀成长方形，抹奶酪馅，顺长卷起，另一个面团同样操作（图9～图12）。将面卷切成段，切口朝上依次放入模具中，置于温暖处发酵至模具八分满，表面刷上鸡蛋液，撒白芝麻（图13～16）。

6　放入预热好的烤箱，以200℃烘烤45分钟即可（图17）。

肉松面包卷

扫一扫看视频

○ 原料

高筋面粉160克，低筋面粉60克，细砂糖30克，奶粉7克，盐3克，水100毫升，鸡蛋液30克，黄油22克，干酵母4克

○ 辅料

肉松、沙拉酱、白芝麻各适量

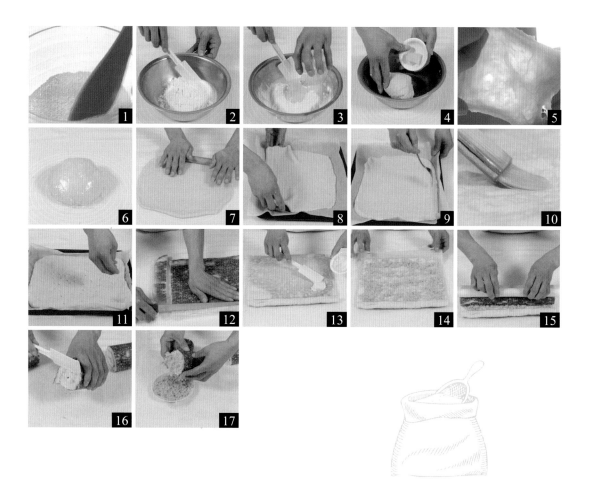

○ 做法

1　用50毫升温水溶解干酵母（图1）。

2　将高筋面粉、低筋面粉、细砂糖、奶粉、盐拌匀，加入酵母水、25克鸡蛋液和剩余的水拌匀（图2、图3），揉成面团后加入软化的黄油（图4），继续揉至能拉出薄膜的扩展阶段（图5），用保鲜膜包好，放在室温发酵1小时（图6）。

3　面团排气后，用擀面杖擀成方形的薄片（图7），放入铺了油纸的烤盘中（图8），用叉子均匀扎上孔，刷上剩余全蛋液，撒上白芝麻（图9～图11）。

4　放入预热好的烤箱，以200℃烤12分钟至表面金黄，取出，切去四边（图12），翻转，涂上沙拉酱，撒上肉松（图13、图14），卷成卷（图15），静置定型，切成3段，两面用刮刀抹上沙拉酱，蘸满肉松即成（图16、图17）。

魔力满满之面包

酸奶吐司面包

扫一扫看视频

◎ 原料

高筋面粉300克，酸奶175克

◎ 辅料

鸡蛋50克，白糖35克，酵母4克，盐3克，黄油25克

◎ 做法

1　将高筋面粉、酸奶倒入盆中（图1、图2），加入打散的鸡蛋液、白糖、酵
　　母、盐、黄油拌匀（图3~图5），揉至扩展阶段，盖上保鲜膜，放于温暖处
　　发酵至原体积的2.5倍大（图6、图7）。

2　发酵好的面团排气后，平均分成3个小面团，盖上保鲜膜松弛10分钟
　　（图8）。

3　将松弛好的面团擀成长片，卷成卷（图9、图10），排入模具中（图11），
　　放入烤箱，低温发酵至模具的九分满，取出（图12），面团表面刷上蛋液
　　（图13）。

4　放入预热好的烤箱，以180℃烤35分钟，取出即可（图14）。

椰蓉吐司面包

扫一扫看视频

○ **原料**

高筋面粉180克，黄油30克，椰蓉55克，水110毫升

○ **辅料**

白糖35克，蛋黄15克，奶粉30克，酵母3克，盐1克，蛋清适量

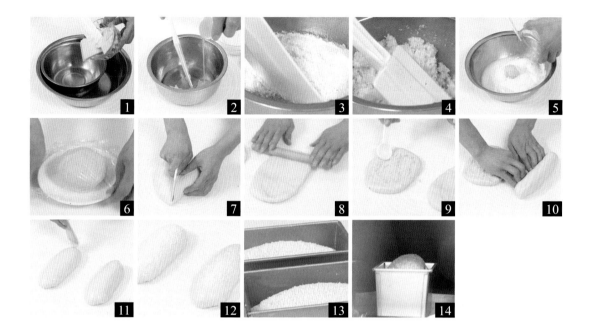

○ 做法

1　取15克黄油隔热水软化（图1），加入15克白糖、蛋黄、10克奶粉、50克椰蓉搅拌均匀成椰蓉馅（图2~图4）。

2　将高筋面粉、20克白糖、20克奶粉、15克黄油、酵母、盐、水放入盆中，混合均匀，揉成面团，盖上保鲜膜，放入烤箱中低温发酵至原体积的2倍大（图5、图6）。

3　取出面团，用刮板切成2份（图7），再用擀面杖擀开（图8），在中间放入椰蓉馅（图9），顺长卷成筒状（图10），捏紧底边，表面刷上蛋清（图11），再均匀撒上椰蓉（图12），放入吐司模具中，发酵至模具八分满（图13）。

4　放入预热好的烤箱，以190℃烘烤40分钟，取出即可（图14）。

甜吐司面包

扫一扫看视频

◎ 原料

甜吐司面包面团1000克

◎ 辅料

黄油适量

○ 做法

1 将饧发好的面团分割成每个100克的小面团（图1），依次揉圆，盖上保鲜膜静置15分钟（图2）。

2 揭去保鲜膜，依次将面团擀成片，卷起，再擀开卷起一次（图3、图4）。

3 吐司模具内壁刷上黄油（图5），依次放入面团卷（图6），饧发90分钟至模具九分满，盖盖儿（图7）。

4 放入烤箱，以上火180℃、下火170℃烘烤30分钟左右，取出，脱模，冷却后用切刀切开即可（图8）。

可颂面包

扫一扫看视频

◎ **原料**

丹麦面包面团1块

◎ **辅料**

蛋液适量

◎ **做法**

1　将丹麦面包面团擀成0.3厘米厚的薄片，用切刀切成三角形面片，卷起，收口向下（图1~图3）。

2　摆放入铺有烤箱纸的烤盘中，放入烤箱，低温饧发50~60分钟（图4）。

3　取出饧发好的面包，表面刷一层蛋液（图5）。

4　放入预热好的烤箱，以上火190℃，下火170℃烘烤约15分钟至表面金黄色，取出晾凉即可（图6）。

5

零失败之塔派

蓝莓乳酪派

扫一扫看视频

○ 原料

低筋面粉100克，黄油40克，鸡蛋2个，奶油奶酪85克，糖粉20克

○ 辅料

蓝莓80克，细砂糖25克，玉米淀粉5克，酸奶20克

○ 做法

1. 黄油隔热水软化，加低筋面粉、糖粉，搓成粗玉米粒状，加入1个鸡蛋，揉成面团，包好保鲜膜，放入冰箱冷藏松弛20分钟（图1~图3）。

2. 奶油奶酪加酸奶、细砂糖，隔热水搅拌均匀，加入1个鸡蛋、玉米淀粉，制成奶酪糊（图4、图5）。

3. 将面团擀成圆形薄片，铺到派盘上，擀去多余的派皮，用叉子扎小孔（图6~图8），放入蓝莓，倒入奶酪糊（图9、图10）。

4. 放入预热好的烤箱，以190℃烘烤15分钟，再以170℃烘烤20分钟，取出即可（图11）。

零失败之塔派

栗子奶油派

扫一扫看视频

◎ 原料

低筋面粉100克，高筋面粉30克，黄油70克，去皮熟栗子100克，牛奶105克

◎ 辅料

糖粉15克，鸡蛋黄3个

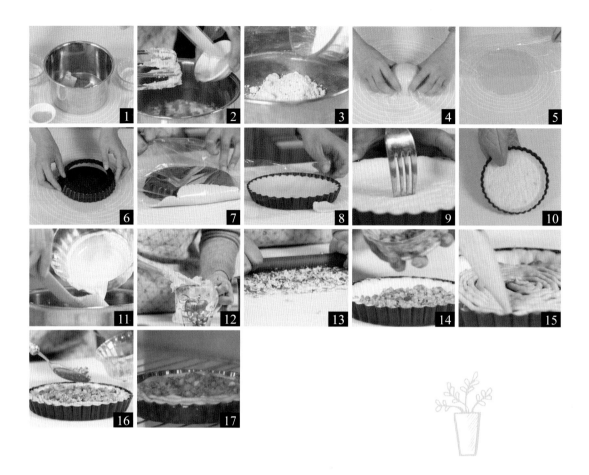

○ 做法

1　黄油加糖粉混合搅打均匀，加入蛋黄打匀，过筛入低筋面粉、高筋面粉，用刮刀拌匀，取出揉成团，包上保鲜膜，放入冰箱冷藏30分钟（图1～图4）。

2　取出面团，上下铺好保鲜膜，擀成面片，揭去上面一层保鲜膜（图5），倒扣上派盘，用力压，包着下方的保鲜膜倒扣，去掉多余的边，用叉子叉一些孔，松弛20分钟（图6～图9）。

3　放入预热好的烤箱中层，以200℃烤约15分钟至微金黄色出炉（图10）。

4　取一半栗子放入搅拌机中制成泥，加牛奶搅拌均匀成栗子馅，装入裱花袋中（图11、图12）。剩余的栗子擀成栗子碎（图13）。

5　将栗子碎放入派皮上，挤入栗子馅，再铺上栗子碎（图14～图16）。

6　放入预热好的烤箱，以190℃烘烤约20分钟即可（图17）。

南瓜派

扫一扫看视频

◦ 原料

淡奶油125克，低筋面粉125克，南瓜250克

◦ 辅料

黄油、糖粉各50克，蛋黄1个，鸡蛋2个，白砂糖30克

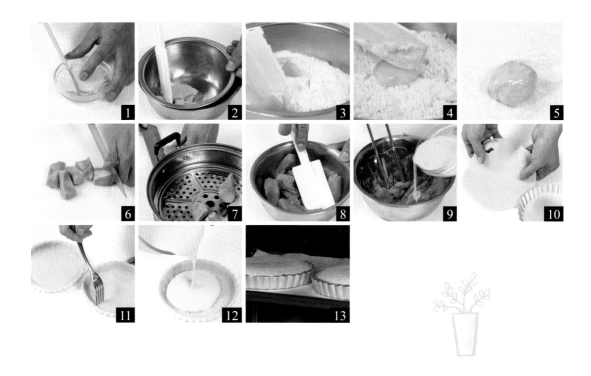

◎ 做法

1 黄油切小块，隔热水软化（图1），加入糖粉、低筋面粉搅拌成屑状，倒入容器中，加入蛋黄和成面团，包上保鲜膜，冷藏30分钟（图2～图5）。

2 南瓜切成小块，蒸熟，压成南瓜泥（图6～图8），加入打散的鸡蛋液、白砂糖、淡奶油，搅打均匀成南瓜馅（图9）。

3 取出面团，擀成0.5厘米厚的圆形面片，放入6寸派盘中（图10），边缘、底部压实，擀去边缘多余的面片，用叉子在底部叉一些小孔（图11），倒入南瓜馅至九分满（图12）。

4 放入预热好的烤箱中层，以220℃烤10分钟，再以150℃烤30分钟，至表面金黄，取出即可（图13）。

浓郁核桃塔

扫一扫看视频

○ 原料

高筋面粉100克，黄油70克，白糖95克，盐适量，全蛋液20克

○ 辅料

蜂蜜30克，牛奶80毫升，核桃碎100克

○ 做法

1　取65克黄油软化，加30克白糖、盐混合搅匀，分3次加入全蛋液，搅拌均匀，不要打发，过筛入高筋面粉，用刮刀搓匀，揉成面团，包上保鲜膜，静置20分钟（图1～图3）。

2　取65克白糖，加入蜂蜜搅匀，小火加热至呈焦红色，倒入牛奶中，再加5克黄油搅拌，倒入核桃碎搅拌均匀，冷却成核桃馅（图4～图6）。

3　将面团擀成约3毫米厚的面片，盖上塔模，切去多余的面皮，倒扣，用叉子叉一些孔，填入核桃馅（图7～图11）。

4　放入预热好的烤箱，以180℃烘烤25分钟左右即可（图12）。

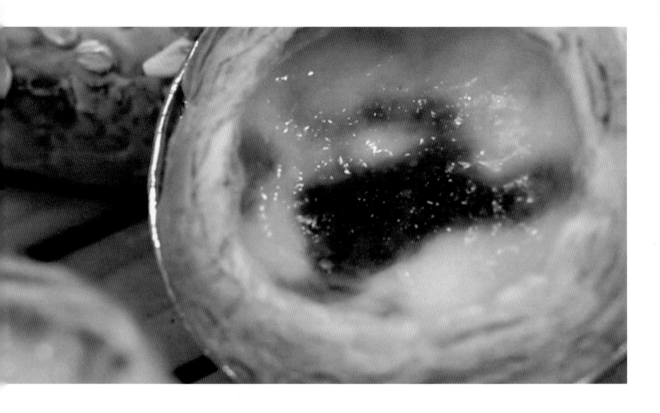

葡式蛋挞

扫一扫看视频

○ 原料

千层酥皮1块，淡奶油185克，牛奶140克，白糖50克

○ 辅料

鸡蛋黄3个，低筋面粉10克，炼乳10克

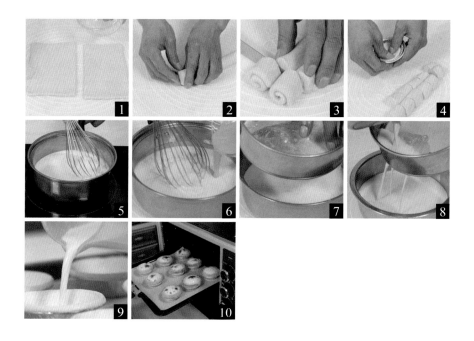

◎ **做法**

1　千层酥皮切成2块，表面刷上水（图1），分别卷成卷，切成小段（图2、图3），切面朝上按扁，放入蛋挞模具中，按压成蛋挞皮（图4）。

2　淡奶油放入小锅，依次加入牛奶、炼乳、白糖，小火加热至白糖溶化，离火晾凉（图5）。

3　蛋黄搅匀，慢慢倒入牛奶液中（图6），边倒边搅拌均匀，筛入低筋面粉，搅匀，过滤成蛋挞水（图7、图8），倒入蛋挞模中至八分满（图9）。

4　放入预热好的烤箱，以220℃烤15分钟即可（图10）。

巧克力坚果派

扫一扫看视频

◎ 原料

低筋面粉125克，黄油、糖粉各适量

◎ 辅料

核桃仁、杏仁、花生仁、开心果仁各40克，色拉油适量，细砂糖10克

巧克力45克，水适量

◇ 做法

1 黄油放入盆中，过筛入低筋面粉、糖粉，搓成粗粒，加入适量水，和成面团，揉至光滑，包上保鲜膜，放入冰箱冷藏30分钟（图1～图4）。

2 将核桃仁、杏仁、花生仁、开心果仁擀碎成坚果末（图5）。

3 锅中加色拉油烧热，下坚果末煸炒出香味，加细砂糖、巧克力，小火翻炒至砂糖完全融化，关火，晾凉。

4 取出冷藏好的面团，擀成直径17～18厘米的派皮（图6），置于派盘中，去除多余的派皮（图7），用叉子叉出小孔（图8），倒入炒好的坚果馅，抹平（图9）。

5 放入预热好的烤箱中下层，先以上下火200℃烘烤5分钟，再以下火160℃烘烤5分钟，取出晾凉即可（图10）。

清甜苹果派

扫一扫看视频

◎ 原料

低筋面粉70克，高筋面粉70克，无盐黄油60克，盐3克，白糖20克，淡奶油40克，水40克，糖粉40克

◎ 辅料

奶油奶酪100克，苹果1个

◎ 做法

1　黄油隔热水融化（图1）。

2　高筋面粉、低筋面粉、白糖、盐倒入容器中，用刮刀混合均匀，加入黄油
　　（图2），用刮刀揉搓均匀成松散的沙粒状，倒入35克淡奶油、水，揉成面
　　团（图3、图4），放入冰箱冷藏1小时。

3　派盘四周刷油（图5）。取出面团，擀成圆形派皮（图6），放入派盘中，擀
　　去四周多余的派皮，用叉子扎一些孔（图7～图9）。

4　将奶油奶酪隔热水搅拌软化，加入糖粉拌匀（图10），装入裱花袋中，挤入
　　派皮底部（图11）。

5　苹果去核，切薄片（图12），摆在派皮上（图13），表面刷上剩余的淡奶油
　　（图14）。

6　放入烤箱，以200℃烤25分钟至金黄色，取出即可（图15）。

恶魔巧克力塔

扫一扫看视频

◎ 原料

低筋面粉100克，高筋面粉30克，糖粉15克，黄油70克，蛋黄8克

◎ 辅料

牛奶120克，黑巧克力100克，鸡蛋液20克

跟着尚锦学烘焙（全视频版）

◎ **做法**

1 取50克黄油加糖粉混合搅打均匀（图1），加入蛋黄搅打均匀（图2），加入
过筛后的低筋面粉、高筋面粉，用刮刀拌匀（图3、图4），揉成团，用保鲜
膜包好放入冰箱冷藏30分钟（图5）。

2 取出冷藏好的面团，铺上保鲜膜，擀成面片（图6），把派盘放在面片上，
用力压派盘，将多余的边切断（图7），再包住下方的保鲜膜倒扣（图8、图
9），在派盘底部用叉子叉一些孔（图10），松弛20分钟。

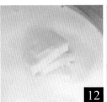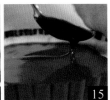

3 放入预热好的烤箱中层，以200℃烤约15分钟至微金黄色出炉成塔皮
  （图11）。

4 牛奶加20克黄油搅匀（图12），加热至沸腾离火，搅至黄油融化。黑巧克力
  切成小块，加入牛奶中（图13），加热搅拌至巧克力融化，加入鸡蛋液搅拌
  均匀制成巧克力酱（图14）。

5 在烤好的塔皮里填入巧克力酱（图15），再次放入烤箱中层，以190℃烘烤
  20分钟即可。

制作
关键
在派盘底部用叉子叉一些孔，可以防止烤的时候底部鼓起。
待巧克力液晾至不烫手后再加入鸡蛋液。

6
part
更多小西点

华夫饼

扫一扫看视频

○ **原料**

蛋清4个，白砂糖55克，柠檬汁适量，蛋黄2个，黄油30克，牛奶180毫升，低筋面粉180克

○ **辅料**

泡打粉1克，色拉油适量

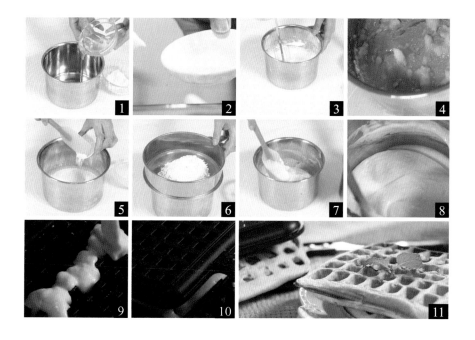

◎ **做法**

1　将蛋清放入搅拌盆中，搅打均匀，加入45克白砂糖搅打至干性发泡，加入柠檬汁拌匀成蛋白霜（图1～图3）。

2　将蛋黄、10克白糖、黄油搅打均匀（图4），加入牛奶、泡打粉，用刮刀拌匀，筛入低筋面粉，搅拌至无干粉，分次倒入蛋白霜，轻拌均匀，制成饼糊（图5～图8）。

3　将华夫饼模具在燃气灶上预热，刷少量油，倒入饼糊（图9），盖上盖（图10），让两面均匀受热，表面成金黄色，取出即可（图11）。

黄金蛋黄酥

扫一扫看视频

◎ 原料

中筋面粉425克，片状黄油250克，糖粉25克，鸡蛋液25克，水150毫升

◎ 辅料

奶油30毫升，盐1克，奶粉20克，莲蓉、咸蛋黄、黑芝麻、蛋黄液各适量

跟着尚锦学烘焙（全视频版）

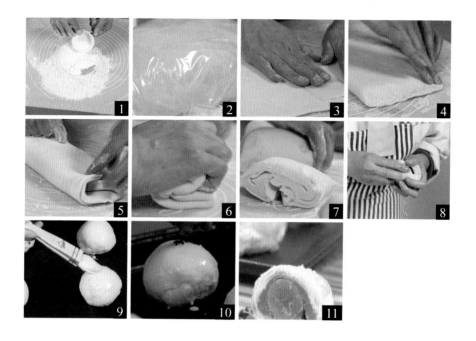

◇ 做法

1　中筋面粉加糖粉、鸡蛋液、奶粉、盐、奶油、水拌匀，揉成面团，包上保鲜膜，冷藏松弛5~10分钟（图1、图2）。

2　取出面团，擀成长方形薄片，包入片状黄油，擀开后折三折，再擀开，卷成卷，分割成若干剂子（图3~图7）。莲蓉中包入咸蛋黄，再包入酥皮中，放入烤盘，刷上蛋黄液，撒黑芝麻（图8~图10）。

3　放入预热好的烤箱，以上火200℃、小火180℃烘烤25分钟左右至表面成金黄色，取出（图11）。

焦糖布丁

扫一扫看视频

○ 原料

牛奶250克，淡奶油200克，鸡蛋液60克，鸡蛋黄1个

○ 辅料

水25毫升，白糖60克

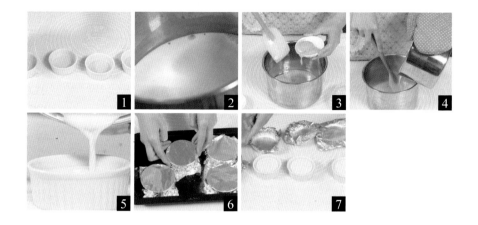

◎ 做法

1　将水、白糖放入搅拌盘中，煮至琥珀色，倒入布丁杯中，晾凉。（图1）

2　将牛奶、淡奶油倒入锅中，小火加热至冒小泡（图2）。

3　将鸡蛋液、鸡蛋黄、白糖搅拌均匀，分次加入煮热的牛奶搅匀，倒入布丁杯中，包裹上锡纸，放入加水的烤盘中（图3～图6）。

4　放入预热好的烤箱，以180℃烤25～30分钟，取出，去掉锡纸即可（图7）。

卡仕达酱蛋黄派

扫一扫看视频

○ 原料

鸡蛋2个，白糖40克，糖稀15克，低筋面粉52克，泡打粉1克，黄油10克

○ 辅料

橄榄油10克，牛奶12毫升，盐、卡仕达酱各适量

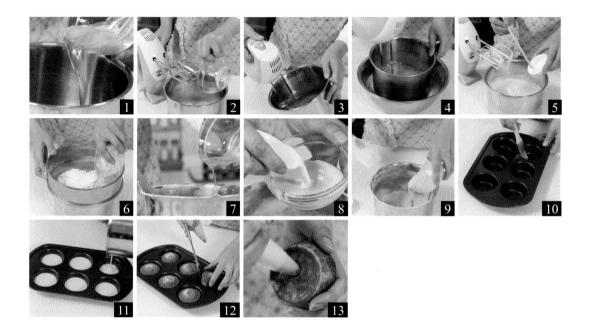

○ 做法

1 鸡蛋放入搅拌盆内打散，加39克白糖、糖稀、盐，搅打均匀。将盆隔热水，用电动打蛋器低速、中速、高速各打1分钟成蛋糊，加1克白糖，低速搅打均匀，过筛入低筋面粉、泡打粉，用刮刀翻拌均匀，加融化的黄油拌匀，再加入橄榄油搅拌均匀。取小碗加适量面糊，加牛奶拌匀，倒回搅拌盆中混合均匀（图1～图9）。

2 模具内刷一层融化的黄油（图10），倒入面糊至模具八分满，轻轻震动模具（图11）。

3 放入预热好的烤箱，以170℃烘烤15分钟左右至表面金黄取出，脱模，用裱花嘴挤入卡仕达酱即可（图12、图13）。

榴莲千层

扫一扫看视频

◎ **原料**

低筋面粉50克，玉米淀粉30克，糖粉30克，牛奶250毫升，鸡蛋3个，黄油10克

◎ **辅料**

淡奶油500克，白糖40克，榴莲蓉适量

◎ 做法

1　黄油隔热水软化（图1）。

2　容器中倒入牛奶，加入黄油，混合过筛入低筋面粉、玉米淀粉搅拌均匀，再加入鸡蛋液拌匀，过筛，盖保鲜膜，静置30分钟（图2～图4）。

3　平底锅加热，沿边缘倒入面糊，晃动锅使之平铺均匀，加热至熟。将饼皮一张张摞在油纸上，包裹好油纸，放入冰箱冷藏30分钟（图5～图7）。

4　淡奶油加糖粉打发至纹路清晰，加入榴莲蓉搅匀（图8、图9）。

5　取一张饼皮，涂上一层榴莲奶油，盖上另一片饼皮，继续涂抹榴莲奶油，一层层做好，放入冰箱冷藏4小时以上即可（图10～图13）。

榴莲酥

扫一扫看视频

◎ **原料**

起酥皮1块，榴莲肉200克

◎ **辅料**

蛋液适量，吉士粉50克，水125毫升，白芝麻适量

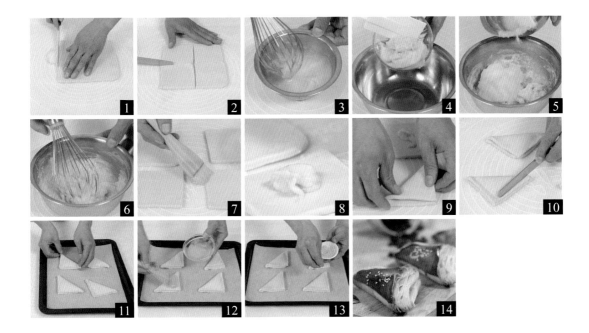

◎ 做法

1 起酥皮擀成0.6厘米厚的片，用刀将边缘切齐，再切成正方形小片（图1、图2）。

2 吉士粉加水搅拌至无颗粒（图3）。

3 榴莲肉放入盆中，搅成泥，再加吉士粉糊搅匀成榴莲馅（图4～图6）。

4 在酥皮表面刷上蛋液（图7），舀入适量榴莲馅（图8），沿对角折起（图9），用切刀将边轻轻压一下（图10），放入烤盘，中间刷上蛋液，撒上白芝麻（图11～图13）。

5 放入预热好的烤箱，以上火200℃、下火180℃烤20分钟至表面成金黄色，取出放凉即可（图14）。

蔓越莓雪球

扫一扫看视频

◎ 原料

黄油50克，白糖10克，盐2克，低筋面粉55克，杏仁粉30克，玉米淀粉10克，蔓越莓干35克

◎ 辅料

牛奶8克，泡打粉1克，糖粉适量，草莓粉10克

😊 做法

1　将黄油放入搅拌盆中，加入白糖、盐搅匀，加泡打粉、牛奶，打至膨发，颜色变浅，过筛入5克草莓粉、玉米淀粉、杏仁粉、低筋面粉，翻拌均匀，加入蔓越莓干，略混合，将面团揉成球状，盖上保鲜膜，放入冰箱冷藏1小时（图1～图6）。

2　取出面团，分成每个10～15克的小面团，搓圆，放入烤盘中（图7、图8）。

3　放入预热好的烤箱，以170℃烤15～20分钟，取出，晾凉。

4　将5克草莓粉、糖粉混合均匀（图9）。

5　将蔓越莓球裹匀草莓糖粉，装盘即可（图10）。

拿破仑酥

扫一扫看视频

◎ 原料

千层酥皮面团1块，黄油75克，糖粉38克

◎ 辅料

蜂蜜11克，炼乳15克，香草精0.75克，朗姆酒7.5克，牛奶23克，柠檬适量

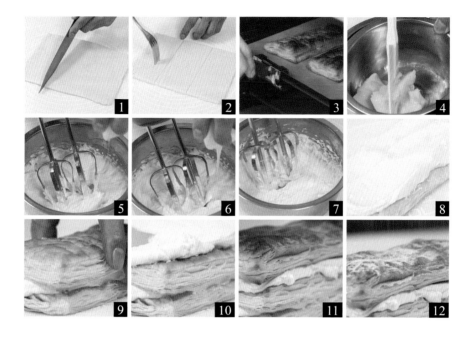

◎ 做法

1 将千层酥皮擀薄，用刀均匀切成3块，修去边缘，用叉子在表面叉上孔（图1、图2），放入预热好的烤箱，以220℃烤8分钟左右至酥皮的层次舒展开，再将温度降至180℃，继续烤10～15分钟至金黄色，取出晾凉（图3）。

2 黄油隔热水软化，加糖粉，搅打约5分钟至微微发白，膨松的状态，加入蜂蜜搅拌均匀，再加入炼乳、朗姆酒、香草精、适量牛奶，继续搅打均匀，再加入剩余牛奶，挤入柠檬汁，搅打均匀，再次挤入柠檬汁，搅打均匀成奶油霜（图4～图7）。

3 取一片烤好的千层酥皮，涂上奶油霜，再盖上另一片酥皮，继续涂上奶油霜，盖上最后一片酥皮，筛上糖粉（图8～图12），放入冰箱冷藏即可。

6
part

更多小西点

千层丹麦泡芙

扫一扫看视频

○ **原料**

起酥皮200克，低筋面粉45克，黄油60克，水75毫升，白糖10克，糖粉适量

○ **辅料**

鸡蛋液60克，淡奶油100克

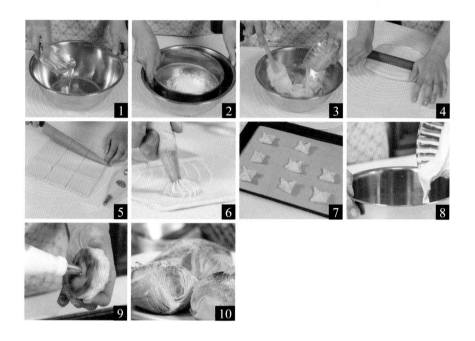

○ 做法

1 将黄油、水、5克白糖放入搅拌盆中，小火煮沸后关火，搅拌至黄油融化，过筛入低筋面粉，搅拌成糊，小火加热至面糊略变厚，分次加入鸡蛋液，搅匀（图1~图3）。

2 起酥皮擀成约0.5厘米厚的片，切成正方形片（图4、图5），表面刷一层清水，挤上泡芙糊，四角向中间包好，放入烤盘（图6、图7）。

3 放入预热好的烤箱，以上火180℃、下火160℃烘烤40分钟至表面淡黄色取出，底部戳个洞。

4 盆中放入淡奶油、5克白糖（图8），打发成鲜奶油，加入剩余泡芙糊，搅匀，装入裱花袋中，挤入泡芙内部（图9），表面撒糖粉即可（图10）。

巧克力派

扫一扫看视频

○ 原料

奶油奶酪140克，黄油88克，糖粉30克，牛奶、淡奶油各60克，低筋面粉125克，可可粉22克，泡打粉6克，鸡蛋1个，植物油28克，黄糖100克

○ 辅料

香草精3克，黑巧克力35克，盐2克

跟着尚锦学烘焙（全视频版）

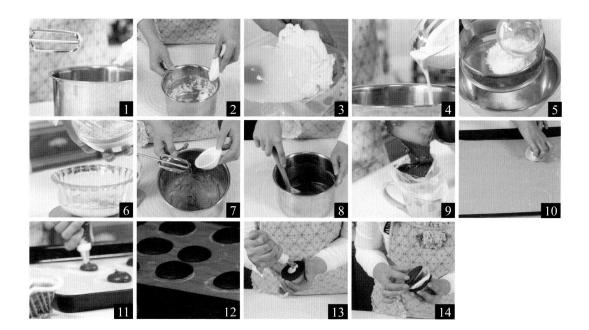

◎ **做法**

1　奶油奶酪加60克黄油搅打顺滑，分两次加入糖粉，搅打顺滑，再加入香草精打匀，做成奶酪夹心馅，装入裱花袋备用（图1～图3）。

2　将牛奶、淡奶油混合均匀（图4）。

3　低筋面粉、可可粉、泡打粉混合过筛备用（图5）。

4　鸡蛋加50克黄糖搅打均匀成黄糖鸡蛋液（图6）。

5　黄油28克、黄糖50克、盐搅打均匀，分3次加入黄糖鸡蛋液、植物油搅打均匀，再加入融化的黑巧克力液，分3次加入粉类混合物及奶类混合物，搅打顺滑，装入裱花袋（图7～图9）。

6　圆模粘少许低筋面粉，在烤盘中印上痕迹（图10），以确保每个派大小相同，将面糊挤到烤盘的面粉轮廓上（图11）。

7　放入预热好的烤箱中层，以190℃烘烤13分钟，取出晾凉（图12），取一片巧克力派，挤上奶酪夹心馅（图13），再盖上一片巧克力派，轻轻按实即可（图14）。

太妃花生糖

扫一扫看视频

◎ 原料

低筋面粉100克，黄油115克，细砂糖30克，红糖70克，烤熟的花生仁160克

◎ 辅料

泡打粉1克，糖浆15克，柠檬汁适量，鸡蛋20克

⟡ 做法

1　将45克黄油、细砂糖混合，用打蛋器打至颜色变浅、体积膨松，分两次加入鸡蛋液，搅打均匀，过筛入泡打粉、低筋面粉，用橡皮刮刀翻拌均匀成面团（图1～图4）。

2　将面团平铺在7寸方形模具内，用橡皮刮刀压平（图5）。

3　放入预热好的烤箱中层，以175℃上下火烤20～25分钟至表面浅金黄色取出（图6）。

4　将红糖、70克黄油、糖浆、柠檬汁放入小锅，熬煮成酱，倒入花生仁搅拌均匀成太妃花生馅（图7～图11）。

5　将太妃花生馅趁热倒入烤好的饼底上，压平（图12、图13）。

6　放入烤箱，以175℃烤8分钟，取出，晾凉后脱模，切小块即可（图14）。

桃酥

扫一扫看视频

◎ 原料

低筋面粉100克，泡打粉4克，小苏打2克，白糖70克，鸡蛋1个，色拉油125克

◎ 辅料

黑芝麻、核桃各适量

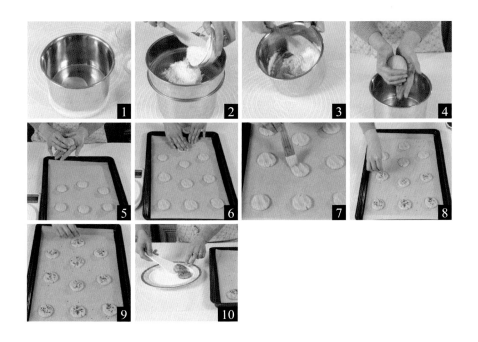

◎ 做法

1　将少许鸡蛋液、白糖、色拉油放入搅拌盆中搅匀（图1），过筛入泡打粉、小苏打、低筋面粉（图2），加入鸡蛋液混合均匀，揉成面团（图3、图4）。

2　将面团分成等份（图5），用手掌按扁成桃酥生坯，刷上鸡蛋液，撒上黑芝麻，装饰上核桃（图6～图9）。

3　将烤盘放入预热好的烤箱，以180℃烘烤25分钟，取出装盘即可（图10）。

香草泡芙

扫一扫看视频

◎ 原料

无盐黄油80克，全蛋液250克，纯牛奶300克，蛋黄80克，细砂糖75克
低筋面粉135克

◎ 辅料

玉米淀粉15克，水150克，盐2克，香草豆荚1条

◎ **做法**

1 锅中倒入牛奶，放入香草豆荚煮沸，晾至温（图1）。

2 蛋黄中加入细砂糖（图2），混合均匀，筛入15克低筋面粉、玉米淀粉，搅拌均匀，再倒入牛奶中，边加热边搅拌均匀，制成香草馅（图3、图4），晾凉后盖上保鲜膜，放入冰箱冷藏备用。

3 锅中放入水、黄油、盐煮沸，倒入剩余面粉（图5），搅拌至无干粉，取出，分次加入全蛋液（图6），用打蛋器搅匀制成泡芙面糊，装入裱花袋（图7），挤入烤盘中，每个间隔约5厘米（图8）。

4 放入预热好的烤箱（图9），以190℃上下火烤20分钟，再以170℃上下火烤20分钟，取出，在泡芙底部用裱花袋挤入香草馅即可（图10）。

杏仁牛轧糖

扫一扫看视频

◎ 原料

棉花糖90克，杏仁90克，奶油15克

◎ 辅料

可可粉5克，奶粉45克

1　杏仁放入容器中（图1），入烤箱以100℃烤约10分钟至熟。

2　将棉花糖、奶油混合（图2），放入烤箱，以150℃烤约5分钟至棉花糖融化。

3　将烤熟的杏仁切成杏仁碎（图3）。

4　趁热将融化后的棉花糖、奶油放入搅拌盆中，加入奶粉、可可粉搅拌均匀，拌入切好的杏仁（图4、图5）。

5　在模具中铺入油纸，倒入拌好的混合物，用刮刀抹平（图6），凉透定形后切块包装即可（图7）。

制作
关键　　　搅拌时，若感觉混合物太硬，可以再用烤箱稍加热。

6
part

更多小西点

杏仁瓦片

扫一扫看视频

◎ 原料

杏仁片125克，蛋清40克，黄油15克

◎ 辅料

低筋面粉15克，细砂糖70克

◎ 做法

1   细砂糖倒入盆中，加入蛋清（图1），用打蛋器搅打均匀，再加入杏仁片混合均匀（图2）。

2   黄油隔热水融化（图3），稍晾凉，倒入糖糊中搅拌均匀（图4），加入低筋面粉搅拌均匀。

3   烤盘上铺好油纸，将杏仁面糊舀入烤盘中（图5）。

4   放入预热好的烤箱，以160℃烤15～20分钟至表面金黄，取出晾凉即可（图6）。

椰丝球

扫一扫看视频

◎ 原料

黄油80克，细砂糖60克，鸡蛋液50克，椰丝120克，低筋面粉100克

◎ 辅料

奶粉10克

○ 做法

1 将黄油室温软化，放入容器中，加细砂糖搅打均匀（图1），分3次加入鸡蛋
   液，搅打均匀，加入过筛后的奶粉搅打至浓滑细腻的状态，过筛入低筋面粉
   （图2），用刮刀搅拌均匀，加入100克椰丝（图3），揉成椰丝面团。

2 将面团搓成长条状（图4），用刀切成等大的块状（图5），分别搓成圆球
   状，裹上椰丝，放入烤盘中（图6、图7）。

3 放入预热好的烤箱，以180℃烤20分钟，取出即可（图8）。

原味蛋卷

扫一扫看视频

◎ **原料**

鸡蛋2个，白糖110克，猪油10克，黄油30克，芝士粉20克，淀粉10克
低筋面粉100克

◎ **辅料**

泡打粉1克，黑芝麻、白芝麻各适量

○ 做法

1 将鸡蛋放入搅拌盆中，加100克白糖（图1），用打蛋器搅打均匀，放入猪油、黄油，用打蛋器搅打均匀（图2）。

2 蛋液中加入过筛后的泡打粉、芝士粉、10克白糖、淀粉、低筋面粉，用刮刀搅拌至无颗粒，过筛，加入黑芝麻、白芝麻拌匀成蛋卷液（图3～图5）。

3 取适量蛋卷液倒入蛋卷机中（图6），盖上盖儿，压成薄饼，开盖儿，趁热用筷子卷成筒状即可（图7）。

 制作关键

加入猪油，可以让蛋卷口感更酥松。

卷蛋卷一定要趁热卷，否则，变硬了就无法卷了。

甜甜圈

扫一扫看视频

◎ 原料

高筋面粉180克，水95毫升，色拉油250克，细砂糖、鸡蛋液各25克

◎ 辅料

黄油18克，干酵母5克，盐3克，糖粉适量

◎ 做法

1　干酵母加水溶解（图1）。黄油隔热水软化，加细砂糖、盐搅拌成略膨松的状态，再分次加入蛋液搅拌均匀，加面粉、酵母水及剩余的清水，用刮刀拌匀（图2～图6），取出揉成面团，揉至可以撑出薄膜的状态（图7、图8），盖上保鲜膜（图9），室温发酵约1小时至原来体积的2.5倍大（图10）。

2　将面团揉匀、排气，擀成1厘米厚的片（图11），用甜甜圈模具切割成甜甜圈形状（图12）。

3　烤箱上铺烤箱纸，撒匀面粉（图13），摆入甜甜圈，放入烤箱低温发酵至原体积的两倍大（图14）。

4　入热油锅以约100℃炸至两面颜色变深（图15、图16），取出放冷却架上晾凉，筛上糖粉即可（图17）。